这是维普斯，它可是一只与众不同的鼩鼱（qú jīng）。普通的鼩鼱总是匆匆忙忙的，忙着寻找蜘蛛、毛毛虫和其他虫子来吃。它们可能会被猫头鹰吃掉，不过其他的食肉动物会觉得鼩鼱很难吃。鼩鼱长得很像老鼠，但它们跟老鼠没有一点儿关系，它们是鼹鼠的亲戚（鼹鼠也喜欢吃毛毛虫）。

图书在版编目（CIP）数据

小鼩鼱的童话科普大冒险. 小溪边的维普斯 / (瑞典) 奥斯卡·雍松著绘；徐昕译. -- 北京：海豚出版社, 2020.8

ISBN 978-7-5110-5290-2

Ⅰ. ①小… Ⅱ. ①奥… ②徐… Ⅲ. ①自然科学－儿童读物 Ⅳ. ①N49

中国版本图书馆CIP数据核字(2020)第109250号

vips vid bäcken

北京市版权局著作权合同登记号 图字：01-2020-3051号

小鼩鼱的童话科普大冒险
小溪边的维普斯
〔瑞典〕奥斯卡·雍松 著绘
徐昕 译

出版人 王磊
选题策划 联合天际
责任编辑 许海杰 胡瑞芯
特约编辑 严雪 邢莉
装帧设计 浦江悦
责任印刷 于浩杰 蔡丽
法律顾问 中咨律师事务所 殷斌律师

出版 海豚出版社
社址 北京市西城区百万庄大街24号 邮编：100037
电话 010-68996147（总编室）
发行 未读（天津）文化传媒有限公司
印刷 雅迪云印（天津）科技有限公司
开本 16开（889mm×1194mm）
印张 4
字数 25千
印数 1-15000
版次 2020年8月第1版 2020年8月第1次印刷
标准书号 ISBN 978-7-5110-5290-2
定价 99.60元（全2册）

未读CLUB
会员服务平台

哺乳动物界的“拇指姑娘”带你玩转大自然

小鼩鼱的童话科普大冒险

小溪边的维普斯

〔瑞典〕奥斯卡·雍松 著绘
徐昕 译

海豚出版社
DOLPHIN BOOKS
CIPG 中国国际出版集团

维普斯来了，
它对探险总是充满着兴趣。

今天，花儿和树叶都散发着好闻的气味。一种特别的声音引起了维普斯的好奇。那是来自小溪的潺潺水声。

当维普斯来到一块平坦的大石头前面时，知更鸟正站在那里。它刚游完泳，把身上的水甩干后，就飞走了。

“不知道在水里会是什么感觉？”维普斯心想。

维普斯小心翼翼地踏进水里，感到爪子上凉凉的、湿湿的。

小溪弯弯曲曲，缓缓地穿过森林。溪水“哗啦哗啦”的，听起来很欢快。

这里生长着各种各样的花，维普斯从来没见过。

花儿似乎喜欢让根部浸在水里，就像维普斯喜欢用脚踩出水花一样。

维普斯心血来潮，往水里扔了一颗石子。

“咚！”石子沉入了水中。维普斯又扔了一颗空心的榛果——“扑通”——它浮在了水面上！

树枝、松针、干枯的树叶、烂泥……所有的东西都得试一下。维普斯从树枝上摘下一片树叶。这片树叶像是被什么东西吃掉了一小部分，轻悠悠地漂浮在了水面上。

突然，维普斯发现了一件可怕的事情。在那片漂走的叶子上有一条惊慌失措的毛毛虫！原来是维普斯把毛毛虫正吃着的食物扔了出去，而毛毛虫还在那上面“埋头苦吃”呢。

也许溪水的前方会有危险的急流……

来不及了，必须去救那条毛毛虫！维普斯迅速收拾好背包、吊床和吉他。还有没有什么忘了？没有了……哦，对了，还有那根手杖。

维普斯从一块石头跳到另一块石头。一块树皮正漂在水面上，太好了！于是树皮成了“完美”的筏子。维普斯用手杖撑着树皮筏子前行，绕开各种障碍。

很快维普斯就看到了那条无助的毛毛虫。漂走的树叶卡在了两块石头之间，毛毛虫没法从那里脱身。

不过当树皮筏子靠近树叶的时候，维普斯发现毛毛虫一点儿也不害怕。相反，它看起来还非常开心。它肯定觉得这是一场愉快的冒险。

维普斯挥舞着手杖吸引毛毛虫的注意。贪玩儿的毛毛虫一下子就抓住了手杖的一头，一、二、三——“砰”——毛毛虫直接落到了树皮筏子上！

维普斯滑了一跤，摔进了水里。但这有什么关系？毛毛虫得救了，维普斯松了一口气。

可是毛毛虫并不觉得自己得救了。它似乎在想为什么游戏结束了，生气地把自己蜷缩成了一个球。

突然，树皮筏子被溪流带着动了起来。维普斯挣扎着抓住筏子，努力往上爬。周围的水声越来越大。那是急流在怒吼！

树皮筏子在汹涌的溪流中倾斜地打着转儿，在快被冲走的最后一刻，维普斯终于爬上了筏子。

这时，毛毛虫似乎有点儿害怕了。维普斯伸出了自己的爪子。

“你到我身边来，我们一起过急流！”维普斯喊道，“哇哦哦哦哦，我们来了！”

过了一会儿，溪流变宽了，溪水平静了下来。毛毛虫好奇地左看看、右看看，而维普斯在弄干自己被水打湿的毛皮，收拾各种东西。

维普斯的手杖正好可以插进树皮筏子上的一个洞里，于是手杖变成了一根漂亮的桅杆。维普斯把它的围巾系在桅杆顶端做成了一面旗子。吊床则正好可以用来当船帆。

现在，树皮筏子改造成了一条船，小溪变成了一条河。

毛毛虫和维普斯互相看了看对方。

“你往前爬爬呀！”维普斯逗它说，毛毛虫笑了起来。它似乎觉得“爬爬”是个不错的名字。

“我叫维普斯，”维普斯说，“我们来玩假扮游戏吧，这是我们的船，我当船长，你当水手。”

爬爬看起来高兴极了，急切地点了点头。

“不过你必须听仔细了，你得按照我说的去做，因为在船上都得听船长的。”维普斯向爬爬解释道。

船在河里行进，悄无声息地穿过森林。阳光透过树叶的缝隙照在水面上，闪闪发光。维普斯一边弹着吉他，一边哼着歌。此时此刻，一切都是那么宁静祥和。

“很舒服吧？”船长向它的水手大声问道。

可是当维普斯回过头的时候，发现爬爬不见了！

哎呦喂！爬爬爬上了桅杆，忍不住抓住了一根冒出水面的树枝。这条疯狂的毛毛虫正往树枝顶端爬去，这可是有致命危险的呀！树枝顶上有一只鸟，它有着强劲锋利的喙，正一动不动地待在那里，似乎是在等待自己的猎物！

啊不！维普斯想："傻瓜毛毛虫，你在干什么呀？"现在它又得去救爬爬了。背包里有一根绳子，太棒了！维普斯把船系到了一根枝丫上。爬爬可不能成为鸟的美餐！

不过那只鸟好像压根儿就没有看见爬爬，它只是盯着水面。突然，它俯冲入水，叼起了一条鱼。

这下维普斯明白了：有些鸟不喜欢吃毛毛虫，而是喜欢吃鱼。

维普斯把爬爬放在肩膀上，退回到船上。它们解开绳子，让船继续顺流而下。

可是没过多久，新的烦恼又出现了……

鱼！

维普斯看见了小船下面的影子。

“危险！”维普斯船长大喊。可是爬爬对水里的危险全然不知。

一些小飞虫落入了水里，它们扑腾了一会儿，很快就成了那些鱼的食物。

“这下你明白了吧？这条河对小昆虫来说是很危险的。你想想，如果它们吃毛毛虫的话，你可就惨了！”维普斯说道。

可是爬爬却觉得这趟旅行越来越刺激了。

突然，所有鱼都不见了。小船转着圈，在平静的水面上停了下来。大蜻蜓“嗡嗡嗡”地飞过水面。

这时，维普斯和爬爬鼓起勇气，把头探出小船，扎进水里去看水下的动静。它们发现水下的动物和植物有着一个自己的世界。

看着蝌蚪和其他水里的动物从自己身边游过，真有意思啊。可是当一种长着宽大下颚的动物朝它们爬过来的时候，维普斯船长认为还是赶紧离开的好。

过了一会儿，维普斯发现爬爬有点儿不对劲。维普斯试着逗它、挠它痒痒，可是爬爬却没有心情玩儿。它只是伸长了身子，懒懒地躺在甲板上。

哦，对了，爬爬已经好几个小时没吃东西了！它的食物留在了小溪里。现在维普斯知道，它们得抓紧时间了。通常，小毛毛虫除了吃东西以外可是什么事都不干的。

维普斯船长取下船帆，摘下桅杆——现在它又变回了一根手杖。维普斯把船撑向岸边。

脚下踩到硬实的地面，这感觉真是太好了。

“来，爬爬！我们肯定能在这里给你找到食物的。”维普斯指引着毛毛虫跟着它走。

运气真不错，这地方有好多绿叶，小毛毛虫一定喜欢。

维普斯折下一束叶子，可是爬爬却不感兴趣。

那这个呢？维普斯试了试另一种叶子，但也不管用。这时维普斯想起来了！

刚才见到的那只鸟不吃毛毛虫，它只喜欢吃鱼。有些植物只适合生长在溪边。也许爬爬只想吃某种特定的叶子？比如，在它们这趟冒险开始的地方，那些长在平坦的大石头上的植物？嗯，一定是这样！

现在只有一件事要做。维普斯背上包，让爬爬坐在背包顶上。它们朝那条随着水流起起伏伏、渐行渐远的小船挥手道别。

“扶好了！”维普斯说着，赶紧沿小溪往回走。

它走得飞快，在灌木和草丛中穿行。幸好，维普斯很熟悉森林里的路。

在小溪的一边，一棵树倒在了那里。维普斯摇摇晃晃走过横跨在小溪上的这座“独木桥”，来到了小溪的另一边——有时候需要巧妙地走一下捷径。

它们终于回到了原来的地方。

爬爬一闻到香气就醒了。这条饿坏了的毛毛虫一把抓住一片树叶，大口大口地吃了起来。

冒险当然很有趣，不过维普斯明白，此时此刻爬爬什么都不想做了，它只想待在这根树枝上。

在维普斯的森林里，每一天都是不一样的。想想看，森林的小溪边有多少惊喜在等着它发现啊。这会儿维普斯开始想念起它那张摇摇晃晃的吊床了。

“再见爬爬！希望我们很快就能见面！”维普斯说着，朝它的新朋友挥了挥手。

而下一次再见面时，爬爬应该就不再是一条毛毛虫了。

爬爬变成了一只蝴蝶

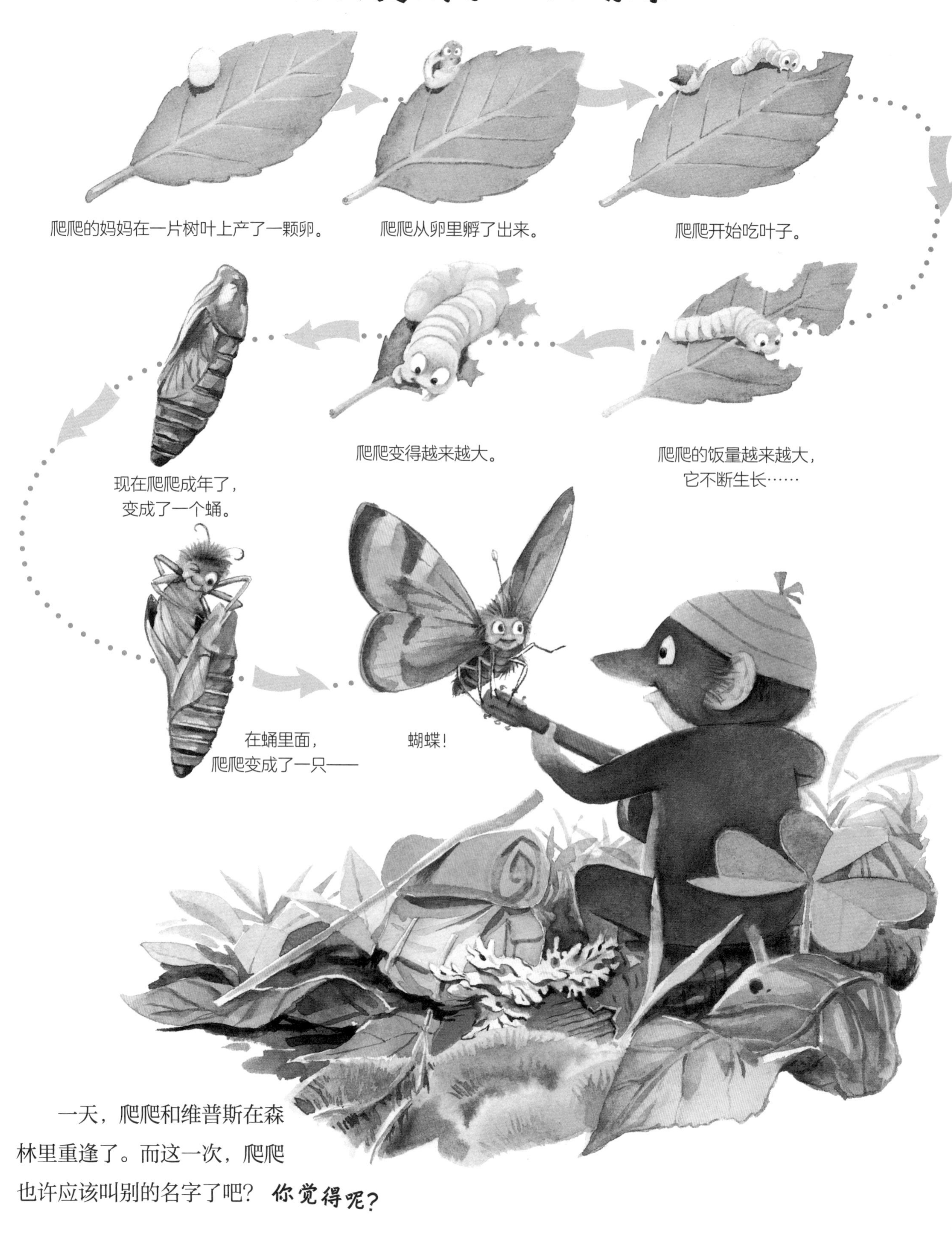

爬爬的妈妈在一片树叶上产了一颗卵。
爬爬从卵里孵了出来。
爬爬开始吃叶子。
爬爬的饭量越来越大，
它不断生长……
爬爬变得越来越大。
现在爬爬成年了，
变成了一个蛹。
在蛹里面，
爬爬变成了一只——
蝴蝶！

一天，爬爬和维普斯在森林里重逢了。而这一次，爬爬也许应该叫别的名字了吧？**你觉得呢？**

下一次去森林的时候，请你静静地在那里待上一会儿。植物和动物会一一被你发现，而故事同时也在悄悄地发生。

如果运气好的话，你会看到一只很小很小的动物正拿着一根手杖、戴着一顶针织帽朝你走来。它是一只名叫维普斯的鼩鼱（qú jīng），正在去往发现新事物的路上。

图书在版编目（CIP）数据

小鼩鼱的童话科普大冒险. 大树上的维普斯 / (瑞典) 奥斯卡·雍松著绘；徐昕译. -- 北京：海豚出版社, 2020.8

ISBN 978-7-5110-5290-2

Ⅰ. ①小… Ⅱ. ①奥… ②徐… Ⅲ. ①自然科学－儿童读物 Ⅳ. ①N49

中国版本图书馆CIP数据核字(2020)第109249号

vips i trädet

北京市版权局著作权合同登记号 图字：01-2020-3051号

小鼩鼱的童话科普大冒险
大树上的维普斯
〔瑞典〕奥斯卡·雍松 著绘
徐昕 译

出版人 王磊
选题策划 联合天际
责任编辑 许海杰 胡瑞芯
特约编辑 严雪 邢莉
装帧设计 浦江悦
责任印刷 于浩杰 蔡丽
法律顾问 中咨律师事务所 殷斌律师

出版 海豚出版社
社址 北京市西城区百万庄大街24号 邮编：100037
电话 010-68996147（总编室）
发行 未读（天津）文化传媒有限公司
印刷 雅迪云印（天津）科技有限公司
开本 16开（889mm×1194mm）
印张 4
字数 25千
印数 1-15000
版次 2020年8月第1版 2020年8月第1次印刷
标准书号 ISBN 978-7-5110-5290-2
定价 99.60元（全2册）

本书若有质量问题，请与本公司图书销售中心联系调换
电话：(010) 52435752

未小读
UnRead Kids

哺乳动物界的“拇指姑娘”带你玩转大自然

小鼩鼱的童话科普大冒险

大树上的维普斯

〔瑞典〕奥斯卡·雍松 著绘
徐昕 译

海豚出版社
DOLPHIN BOOKS
中国国际出版集团

“听起来像是下雨了。”维普斯心想，它揭开毯子往外看了看。

森林的味道跟平时闻起来不太一样。维普斯静静地躺在那里，看着、听着、嗅着，直到雨停了。一只蚂蚁在挠维普斯的脚趾。

成千上万只蚂蚁在森林里踩出了一条小路。它们齐心协力地搬运食物、松针和小树枝。有时候它们会用触角互相打个招呼，这是它们说话的方式。可是它们在说些什么呢？

“也许它们在谈论着哪里有好吃的吧。”维普斯心想。

有几只蚂蚁正在往树上爬。

蚂蚁会爬树，维普斯也会。爬到高处之后，蚂蚁转向一根树枝爬去。有的叶子上住着蚜虫，它们会分泌出一种甜甜的液体，而这种汁液很受蚂蚁喜爱。

突然，蚂蚁放慢了速度，爬进了树皮的缝隙里。雨又下起来了。

维普斯撑起它的伞。可是雨越下越大。维普斯发现了一个树洞，它赶紧钻了进去。洞里面黑黢黢的，有一种木头陈旧腐烂的气味。

维普斯朝树洞外面看去。大雨倾盆而下，落在森林里。

“大家都去哪里了呢？”维普斯想。

这时，它听到一声叹息。

树洞里除了维普斯还有别的动物！

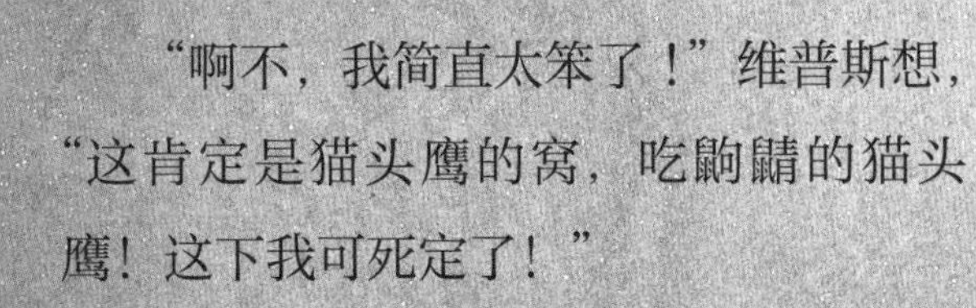

“啊不，我简直太笨了！”维普斯想，“这肯定是猫头鹰的窝，吃鼩鼱的猫头鹰！这下我可死定了！”

“我只是想进来躲躲雨。”维普斯小声说，眼睛看都不敢看。

接着，它听到了一阵可怜的哭泣声。维普斯透过爪子缝瞄向哭声的方向。黑暗中坐着一只鸟——有着黑白色羽毛和红色冠羽的小啄木鸟。它看起来很伤心。

“你好！”维普斯说，它直视着小啄木鸟的眼睛，“你为什么独自坐在这里？”

可是，小啄木鸟没有回答。

雨停了。树洞外面好像有谁在窃窃私语。维普斯探出头去，看见啄木鸟一家开始了美好的生活。幼鸟们跟着妈妈从一根树枝飞到另一根树枝，它们叫着、爬着、啄着，这里那里地到处试探着。

成年啄木鸟用它的喙收集着小甲虫、蜘蛛、蚂蚁和蚜虫。

还没等它把食物平分给孩子们，那只把嘴张得最开、体形最大的幼鸟就最先抢到了食物。

维普斯顿时明白了，树洞里的这只小啄木鸟可能被家人落下了。也许它是最后一只从蛋里孵化出来的，落在了整窝幼鸟的最后面。

啄木鸟一家飞去了森林里，而这只小啄木鸟却留在了树洞里，跟维普斯待在一起。要飞起来好难啊。维普斯试着扶起小啄木鸟的翅膀，可是翅膀太重了，维普斯帮不上忙。

“我们来玩游戏吧，假装这里是树洞医院，你生病了，我是鼩鼱医生，给你带来了药。”维普斯试探着说。

小啄木鸟看起来不太开心。

“那这样吧！你和我是最好的朋友，这是我们建在树洞里的秘密小屋，怎么样？”

小啄木鸟愣愣地看着自己的脚。

“我知道了！你和我是登山探险家。我们躲过了风暴，正准备继续往山顶攀登！”

这一次，小啄木鸟看起来开心多了。

维普斯从树洞里爬了出来，可是小啄木鸟却没有跟着一起。

“我能管你叫‘敲敲’吗？”维普斯问道。它把耳朵贴在树洞上。

没过一会儿，树洞里传来了一声轻轻的敲击，这是小啄木鸟在回应它。

“你在这里等着！我很快就回来！”维普斯大声说着，准备去取一片带蚜虫的树叶。

与此同时，敲敲探出头来，喝起了雨伞里盛着的雨水。

“给。”维普斯举起一片叶子说道。

敲敲把蚜虫一条一条地吞进肚子。吃饱之后，小啄木鸟看上去好多了。

“森林里所有的动物你们都听好了！维普斯和敲敲的冒险即将迈上一个新的高度！”维普斯大声说道。

维普斯满头大汗地奋力往上“攀登”，而小啄木鸟则可以轻松地沿着陡峭的树干往上跳跃。维普斯来到了一个树杈边，此刻，它必须让自己歇会儿了。

这时，敲敲在树缝里发现了令它兴奋的东西。它抓住树皮，用它的喙撬啊、啄啊、凿啊。

时间在一分一秒地过去。

“我们的登山探险可怎么办呀？”维普斯心想。

敲敲在忙着寻找小昆虫。粗糙的树皮里，藏着啄木鸟爱吃的毛毛虫和其他小虫子，还有蜘蛛。

“我们的探险可以慢慢来。”维普斯嘀咕着，把吊床绑到了树上。

树枝在风中摇动，叶子发出了“沙沙沙”的声音。敲敲用喙在树枝间敲着、啄着。“哐哐哐”“嘣嘣嘣”“吭吭吭”“咔咔咔”“咳咳咳”……树枝在敲击下发出了不同的声音。

各种各样的声音汇在一起，听起来像是大树在歌唱。

维普斯闭上眼睛，弹起了吉他。吊床摇啊摇，发出“嘎吱嘎吱”的声音。

“能成为探险家真是太棒了！”维普斯想着想着，很快便睡着了。

当维普斯醒来时，森林里一片寂静。敲敲一定是忘记了它们的游戏，它不见了。

天色渐暗，空气也变得越来越冷。维普斯把毯子裹在身上，又睡着了。

不知不觉天亮了，鸟儿在四处歌唱。维普斯醒了过来，它觉得有些困惑。

“我这是在哪里啊？发生什么事了？哦，对了，我是在登山探险。”

“天哪，这里离地面好远啊。”维普斯把脚伸向最近的树枝，但够不着。

“我该怎么从这里下去啊？”维普斯想。

这时，它听到一阵“扑棱扑棱”的声音……

原来是敲敲回来了，真是太幸运了！在最需要帮助的时候，朋友出现了。

“你会飞了呀？”维普斯问道。

敲敲点点头，它很愿意向维普斯展示自己的新本领。维普斯跳到敲敲的背上，敲敲驮着它全速飞行！

“耶耶，哈哈哈！”维普斯尖叫着，它不得不躲避前方遇到的树叶和枝丫。

突然，前方出现了一根干枯弯曲的树枝。飞行技巧还不是特别娴熟的敲敲，赶紧倾斜身体、拐弯、绕圈、扭动全身，眼看就要撞上了！幸好，它在最后一刻成功地躲过了那根树枝。

可是，维普斯没有抱紧敲敲，它向地面跌了下去！

伞！运气真好！维普斯赶紧把伞撑开，软软地落在了草地上。

维普斯松了一口气。脚掌能够再次触碰到地面，这种感觉真是太好了！

不远处，敲敲发现了一根好玩的木桩。

维普斯用手杖在树干上敲了两下，在啄木鸟的语言里，这代表着“你好，谢谢”。

不远处的木桩也传来两记敲击的声音，那一定是小啄木鸟在回应维普斯吧？

关于成年啄木鸟的真相

鸟巢的横截面

掌握飞行技能的幼鸟

雌鸟

雄鸟

啄木鸟在阔叶树中筑巢。鸟爸爸和鸟妈妈在树上凿出一个洞，用来哺育幼鸟。幼鸟们长得很快，大约在三周大的时候就会从鸟巢里飞出来。

啄木鸟的羽毛

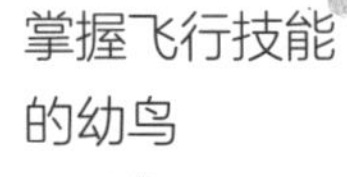

一个春日，维普斯在一棵树上看见了敲敲。维普斯朝它挥手问好，敲敲用欢快的敲击声回应了它。树洞里传来了小鸟的叫声，原来敲敲有了自己的家庭！

等鸟儿跳出树洞的时候，最好让维普斯去看看有没有小鸟掉队了。**你觉得呢？**